勇獸戰隊

知識漫畫系列

3

巨型螳螂大侵襲

BATTLE BRAVES

TEAM

PAARS

監督者／ 小野展嗣

漫畫／ 篠崎和宏

故事／ 伽利略組

U0111234

新雅文化事業有限公司
www.sunya.com.hk

公元20XX年

在世界各地，堆積如山的高科技產品垃圾，不斷釋出有害物質。

如果大家不及早處理這個問題，自然界將會遭受嚴重傷害。

為了地球上的所有生物，請大家儘早設法解決。

眼前高科技產品垃圾日益增加，人類束手無策，最後決定將垃圾棄置到太空去。

然後，他們把太空變成了巨大的垃圾站。

問題看似暫時解決了，但是……

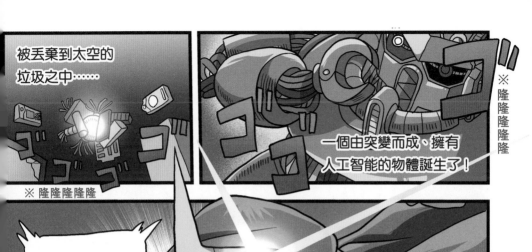

被丟棄到太空的垃圾之中……

※ 隆隆隆隆隆

※ 隆隆隆隆隆

一個由突變而成、擁有人工智能的物體誕生了！

不可饒恕你們！

※ 隆重登場

他的名字是 Z！

那些自私自利的地球人，濫製各種物品，然後用完即棄，我絕不原諒你們！

我要親手把那班傢伙居住的地球徹底破壞！

其後，Z開始用盡各種方法展開攻擊，企圖把地球毀滅。

為了守護地球免受攻擊，墨田川教授現身了。

他集合了日本全國的精英孩子，並組成了防衛組織。

這個組織名叫

BB——

勇獸戰隊！

墨田川教授

Z！我不會讓你為所欲為的，YO！

我要消滅自私自利的地球人！

勇獸戰隊的隊員迎戰 Z 派來的生物，保護地球的故事正式展開了！

BATTLE BRAVES

勇獸戰隊

是一個為了對抗神秘敵人Z和保護地球的防衛組織，由頭腦超凡的墨田川教授帶領。隊員皆是從日本全國挑選出來、12歲以下少年少女，並通過嚴格的入隊考試才能加入組織。他們的使命就是把由Z派來地球的生物捉住，然後把牠們安全送回原來世界。隊員們都熟知生物的習性和弱點，以科學知識為武器，展開連場捕捉行動！勇獸戰隊分成五支小隊，各有專長，會被分派執行不同任務。

墨田川教授

勇獸戰隊的總司令官，他的真正身分其實是人型機械人，並移植了因意外喪生的墨田川教授的腦袋。他非常喜歡音樂，亦妄想自己是個俊男。

朱音

她是墨田川教授的助手，並以勇獸戰隊的教官身分帶領和照顧一眾隊員。她曾經也是勇獸戰隊優秀隊員。

勇獸戰隊五小隊

BATTLE BRAVES
TEAM
AZUL
藍獅小隊
負責應付陸上動物。

BATTLE BRAVES
TEAM
PAARS
紫蟲小隊
負責應付昆蟲。

BATTLE BRAVES
TEAM
RUFUS
紅龍小隊
負責應付恐龍等古代生物。

BATTLE BRAVES
TEAM
GREEN
綠鯊小隊
負責應付空中及水中生物。

BATTLE BRAVES
TEAM
SCHWARZ
黑蛇小隊
負責應付有毒、危險的生物。

紫蟲小隊

他們主要負責對付Z派出來的昆蟲類生物武器。其隊伍顏色是紫色，PAARS在荷蘭語中，正是紫色的意思。

BATTLE BRAVES

TEAM
PAARS

剛司

他的運動神經平凡，體力水平也不高，但在昆蟲知識方面無人能及。因為他性格謹慎，腦筋也很好，所以在隊內負責計劃和指揮的工作。

正男

運動神經發達，體力又出眾的少年，總是帶着香蕉做點心。因為他很喜歡鍬形蟲，而小翔則偏好獨角仙，所以會視小翔為競爭對手。

小翔

他是個非常喜歡獨角仙的少年，而且精力旺盛，平時最愛盡興地玩耍，所以總是沒有深思熟慮就採取行動。同時也是個不怕失敗的人。

神秘敵人Z

他誕生自人類丟棄到太空的廢物之中，擁有高等的人工智能（AI）。他極之憎恨自私自利的人類，因此把各式各樣的生物派到地球，誓要令人類滅亡。

BB特別裝備

　　勇獸戰隊的隊員在進行捕捉生物任務時，會運用到以下這些裝備。戰隊守護地球的秘訣，就是結合最新科學技術和隊員的知識。

> 這些都是我創造的特別裝備。特別強，特別型，YO！

BB飛板

不論海陸空環境下都能夠自由自在地活動的滑板型載具。隊員會乘坐 BB 飛板從基地出動。

它備有很多功能，例如能噴出煙霧。

BB棍棒

以三枝為一組的棍棒，不同形狀分別有不同功能。配合不同的棍棒組合，還能提升其效能。

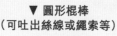

▼ 圓形棍棒
（可吐出絲線或繩索等）

▲ 三角棍棒
（可發光或噴火等）

▲ 方形棍棒
（可變成鎚子等）

BB收容器

當生物的戰意等級降至 0，向牠照射光線，就能把生物回收到這個收容器中。之後隊員會把捕捉了的生物送回原來的世界去。

BB手錶

只要把手錶對準生物，就能夠得知牠的基本情報、能力分析表和戰意等級等資料。

目　錄

BATTLE BRAVES
TEAM
PAARS

欄目 知多一點點！

第 1 章
巨大螳螂出現了！

好呀！

小翔

……

奸笑
にっ

咦？難道是……

※咘！

バン!!

攻擊力18000，防禦力18000！

最新最強的夢幻卡牌……

13

難以置信……

你是何時弄到手的？

這張是超罕有的卡啊！

好想要——給我——

哦，那張卡嗎？

那是爸爸給我的生日禮物啊。

大口吃

爸爸？

※ 嗶嗶嗶——

紫蟲小隊集合了！

市內出現了巨大的螳螂，並大肆搗亂啊！

充滿氣勢

勇獸戰隊教官
朱音

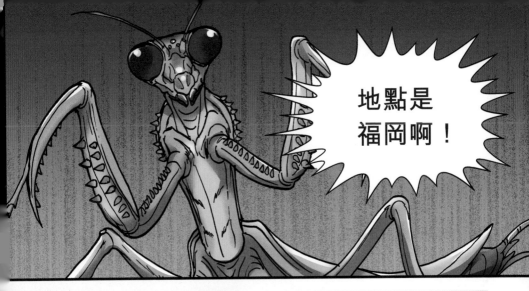

地點是福岡啊！

⋯⋯

這次對手果然厲害，連紫蟲小隊都啞口無言呢⋯⋯但這也不無道理，那巨大的鐮刀的確可怕⋯⋯

嘩呀！超有型啊！

ズコッ

※跌倒

※嘭

福岡上空

找到了！

牠正由博多站向北移動中！

大家用 BB 手錶確認牠的資料吧！

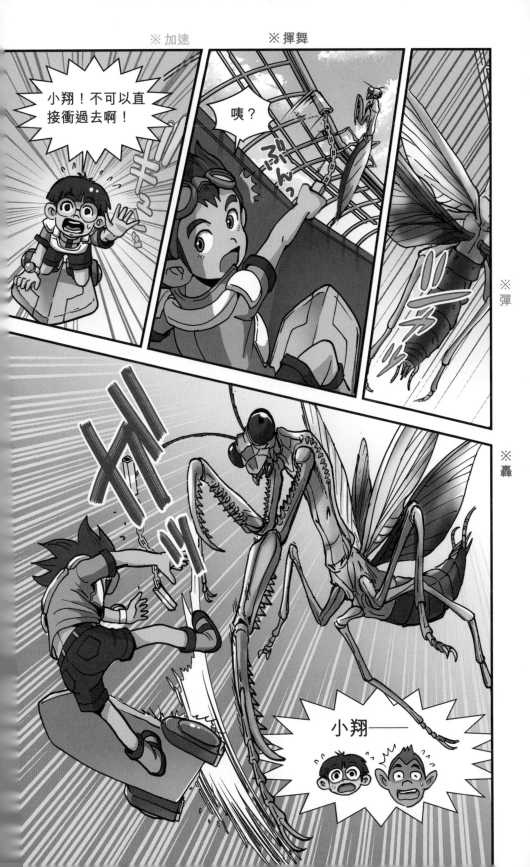

昆蟲是地球上最繁盛的動物!

　　地球上存在着不同種類的動物。我們人類是哺乳類的一員、白鴿和麻雀是鳥類、鱷魚和蜥蜴屬於爬行類、青蛙是兩棲類、金魚是魚類,然後還有「昆蟲類」。

　　而昆蟲類其實在所有地球動物之中,物種數目是最多的,現已確認的種類多達100萬種以上,而且每年新發現的物種亦有1萬種左右。更有學者主張,在地球上未被發現的昆蟲仍有很多,其數量估計有1千萬種以上啊!

鳥類:約 1 萬種

昆蟲類:約 100 萬種以上

兩棲類:約 6,500 種

爬行類:約 9,000 種

魚類:約 31,000 種

哺乳類:約 5,500 種

昆蟲的物種繁盛是「變態」的功勞!

　　有些昆蟲由幼蟲變為成蟲後,形態上會有重大改變,這稱為「變態」。例如鳳蝶的幼蟲是毛蟲形態,但結蛹並變為成蟲後,就會蛻變成蝴蝶,擁有巨大翅膀。昆蟲藉着變態,能改變食性,並在不同的棲息環境下生存。因此昆蟲能夠在地球不同環境下繁盛發展,正是「變態」的功勞啊。

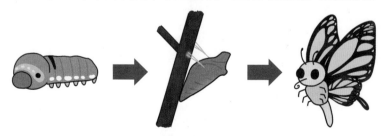

昆蟲從何時開始在地球出現？

　　昆蟲是地球上最初由海洋移到陸地生活的動物。雖然有關昆蟲如何誕生仍有很多不明朗的地方，但能推測到的是距今大約 4 億年前，昆蟲已在陸地上誕生了。當然，那是恐龍仍未出現的時代。

　　最初的昆蟲體長大約只有 1 毫米，估計類似現今的衣魚或彈尾目動物般，並沒有翅膀。

　　其後，長有翅膀的昆蟲出現了，因為牠們能夠飛行，所以能夠棲息的地方大為擴闊。而專家估計最初擁有翅膀的昆蟲，是蜻蜓或蜉蝣的同類。

遠古地球年表

古生代	約 5 億 4,200 萬年前 **寒武紀**	•植物在陸地上出現（估計）
	約 4 億 8,830 萬年前 **奧陶紀**	•魚類出現 •昆蟲出現（估計）
	約 4 億 3,730 萬年前 **志留紀**	•最古老的植物化石就是出自這個時代
	約 4 億 1,600 萬年前 **泥盆紀**	•長有翅膀的昆蟲出現 •兩棲類出現 •最古老的昆蟲化石就是出自這個時代（約 4 億年前）
	約 3 億 5,920 萬年前 **石炭紀**	•翅展※ 長約 80 厘米的巨大蜻蜓（巨脈蜻蜓）和硬蠊屬等巨大昆蟲出現 •爬行類出現
	約 2 億 9,900 萬年前 **二疊紀**	
中生代	約 2 億 5,000 萬年前 **三疊紀**	•恐龍出現 •哺乳類出現
	約 2 億年前 **侏羅紀**	•現今昆蟲中，大部分的科都出現了
	約 1 億 4,500 萬年前 **白堊紀**	•有花的植物出現

　　※ 翅展：昆蟲翅膀展開後的寬度

BB資料檔案 2

捕食其他動物維生的三大昆蟲捕獵者！

昆蟲的生態非常多樣化。獨角仙會吸食樹液、蝴蝶則吸食花蜜，更有一些肉食性昆蟲會捕食其他動物維生。

肉食性的「昆蟲捕獵者」中，以螳螂、虎頭蜂和蜻蜓較為人熟悉。而當中以枯葉大刀螳、大虎頭蜂、無霸勾蜓的體型和實力最強，並列為「三大昆蟲捕獵者」！

※ 以下品種在中國等地也有發現。

昆蟲捕獵者
威風，但各
緊記小心嬰
啊！

枯葉大刀螳

在強力的鐮刀之下，被抓住的獵物絕對逃不掉！

枯葉大刀螳會用強力的鐮刀狀前腳抓捕獵物，絕對是厲害的捕獵者。大家有沒有看過牠抓着蚱蜢等獵物，直接捕食的樣子呢？

枯葉大刀螳 DATA
身長：70~95毫米
棲息地：日本本州、巴
國、九州、琉球
羣島
● 常見於林木中或草原等
地。牠的身體顏色分為
有綠色或褐色。

相片授權自：iS

提防牠的危險毒針！遇到牠的話要保持鎮定逃走啊！

相片授權自：PIXTA

大虎頭蜂

虎頭蜂 DATA

身長：雄蜂 27~39毫米
　　　工蜂 27~37毫米
　　　蜂后 37~44毫米

棲息地：日本北海道至九州

• 牠們會尋找泥土中鼴鼠或老鼠的洞穴，然後在裏面築起巨大的蜂巢。牠們亦會聚在一起吸食樹液。

　　大虎頭蜂是虎頭蜂之中體型最大的品種，牠身上黃黑相間的條紋正是危險的象徵。大家一旦遇見也別慌張，小心地慢慢遠離牠吧。

擁有昆蟲界最強的飛行能力！是最強的捕獵者！

無霸勾蜓

　　無霸勾蜓是日本國內體型最大的蜻蜓。牠在昆蟲之中也有非常高的飛行能力，飛行速度也極快，因此很少昆蟲能夠逃過無霸勾蜓的捕獵！

無霸勾蜓 DATA

身長：　95~100毫米

棲息地：日本北海道至九州、琉球羣島

• 牠們會在山上流往平地的緩慢水流之中生長。

第2章
巨大虎頭蜂也出現了！

小翔！你沒事吧？

嗯……我沒事。

嘻嘻嘻嘻

！

パン イ4！

※只剩內褲！

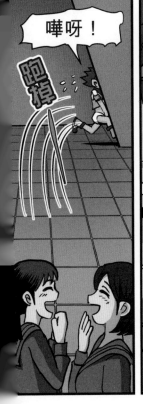

嘩呀！

跑掉

啪

バ

出盡洋相啊！
為什麼會這樣的？

是那時候吧……

飛板和褲子都掉到泳池上了……

螳螂的反應果然很快啊！

多虧小翔那樣亂來，我們現已明白不能大意，別隨便靠近牠呢。

螳螂真的會像這樣子埋伏，然後待獵物接近才出手捕獵的。

牠屬於超級攻擊型，擅長在一瞬間加速。

※啪唦

嘻嘻嘻嘻

牠是肉食性的，甚至能捕食蜥蜴和青蛙呢……

※ 以上只是想像圖片，螳螂是沒有舌頭的。

不過牠過分重視攻擊，防守方面卻很弱。

特別是牠那些後腳！

牠也沒有像獨角仙那樣的堅硬甲殼！

我們躲在牆壁下前進，然後抓住牠的腳吧！

好主意！

哎呀哎呀，真是倒霉啊。

我們會靜靜地接近目標，然後瞄準牠的後腳！

請你先去吸引螳螂的注意！

小翔！你聽得到嗎？

怎樣才能吸引牠的注意啊？

※嗞嘻！

或許是因為聲音啊！

螳螂的聽覺非常好，就連人類聽不到的超音波牠們都能感應到！

你的意思是，牠聽到鎖環飛過去的聲音嗎？

是聲音嗎……

咔滋咔滋

唔？

那是什麼聲音啊？

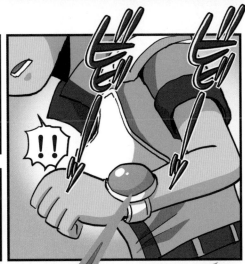

※嗶嗶

大家小心啊！

收到情報説，有巨大虎頭蜂出現！

虎頭蜂？

咦？在哪裏？

左顧

右盼

43

肉食性昆蟲捕獵者的代表──螳螂目！

螳螂擁有像鐮刀般的前腳，是會捕食其他昆蟲或動物的肉食性昆蟲。牠三角形的頭部能大幅度地轉動，視力亦非常好，當牠發現獵物時，就會跳近並出手捕捉。不過螳螂並不擅長飛行，特別是雌性因為體型較大，幾乎不會飛，所以牠們巨大的翅膀，主要是展開後用來嚇唬敵人的。

【單眼】
長在複眼的中間，能夠辨別光暗。

觸角

【複眼】
螳螂能夠看到立體的景象，能正確地判斷與獵物之間的距離。

牠是棲息於日本的螳螂中體型最大的枯葉大刀螳！

螳螂在全世界約有 2,000 種，而在日本的大約有 10 種。在當中體型最大的就是枯葉大刀螳，大家一起來看看牠的特徵吧！

※ 香港也有十多種螳螂。

中足

【聽覺器官】
螳螂胸部的中央位置，有一個能感應聲音的器官，就連人類聽不到的聲音牠都能聽得到。

後足

牠對不會動的東西不感興趣！

▼ 捕食昆蟲中的螳螂。除了昆蟲，牠亦會捕食蜥蜴、青蛙、小魚或小鳥等。

螳螂眼睛在日間是綠色，在晚間則會變為黑色。牠眼睛的顏色會配合周圍的亮度而改變，因此在午間和晚間都能看得很清楚。即使是細小的東西在移動，螳螂都會視之為獵物而跳上前去捕捉。相反，牠對不會動的東西毫無興趣。

在缺乏獵物的時候，螳螂亦會捕食同類，就連交配後的雌性亦有機會吃掉雄性啊！

螳螂從卵鞘中，大量誕生了！

【前腳】
在鐮刀內側有兩排刺，能夠緊緊地抓住獵物。

▲ 枯葉大刀螳幼蟲孵化時的模樣

螳螂的「卵鞘」像硬化了的泡沫，牠們會在樹枝等地方產下卵鞘，從而避免衝擊或溫度的變化。當春天過去，進入初夏，每個卵鞘裏達 100 個以上的卵會孵化，一隻隻小小的螳螂就會誕生出來。

誕生後的螳螂會立刻開始獨立生活，亦不會從父母那裏獲取任何食物。

【後翅】
深色的就是枯葉大刀螳，淺色的則是狹翅大刀螳。

螳螂屬於「不完全變態」，是不會結蛹的，自幼蟲時就跟成蟲一樣帶有鐮刀。

所有相片授權自：PIXTA

各類螳螂大集合！

首先介紹在日本常見的螳螂，牠們在外貌和體格上都大同小異，不過細心觀察的話仍能看出不同種類的特徵啊。

▲ 狹翅大刀螳
牠跟枯葉大刀螳相比身型較小，後翅為淺色。
身長：65~90毫米
棲息地：本州、四國、九州、琉球羣島

▼ 寬腹斧螳
牠的身體橫幅較寬，顏色分別有綠色或褐色。前翅左右兩邊各有白色的小斑點。
身長：45~70毫米
棲息地：本州、四國、九州、琉球羣島

▲棕靜螳
又名小螳螂，身體一般呈褐色，前腳上有黑斑。
身長：雄性36~55毫米
　　　雌性46~63毫米
棲息地：本州、四國、九州、琉球羣島

▲名和異跳螳
又名微翅跳螳，牠會在落葉之間走動，尋找小昆蟲捕食。由於翅膀太小，所以不會飛。
身長：雄性12~15毫米
　　　雌性13~18毫米
棲息地：本州、四國、九州、琉球羣島

世界各地的罕見螳螂！

　　有些動物的外形會模仿其他動植物的形狀或顏色，這種行為就稱為「擬態」。在世界各地就有不少會使用擬態的罕見螳螂，牠們會隱藏自己，或捕鼠不察覺而靠近自己的獵物。

▼蘭花螳螂
牠會模仿蘭花的模樣。
棲息地：東南亞

▲枯葉螳螂
牠會模仿枯葉的模樣。
棲息地：東南亞

相片授權自：iStock

第3章
用誘餌進行
騙敵大作戰！

[大虎頭蜂]
棲息地：日本北海道至九州
身長：雄蜂 27~39 毫米、
　　　工蜂 27~37 毫米、
　　　蜂后 37~44 毫米
體型最大的虎頭蜂。毒針擁
有劇毒，而且刺中目標後不
會脫掉，能夠重複使用。

別慌張亂動啊！

虎頭蜂只會對突然移動的東西攻擊！

※嗡嗡嗡嗡

嗡嗡嗡嗡

嗡嗡嗡嗡

你要悄悄地……

冷靜地離開那個位置！

對！就是那樣子！

用BB手錶確認牠的情報吧！

戰意等級：4

戰意狀態：警戒、空腹

能力分析表

攻擊力

5

稀有度 2　防禦力 2

5　4

兇猛性　速度

牠的戰意等級很高啊！

你千萬別刺激牠啊！

呼……

拉開這麼遠，安全吧……

タラッタッタッタ～♪

！

※ 噠啦噠噠噠

※ 噗咚

唔？怎麼突然有聲音的？

噠啦啦♪

噠啦啦

嗚嘩呀呀！？

嗄啪啪啪

※噴出

竟然噴出水來了？

怎會這樣的？

我叫你別追啊！

※嗡嗡嗡嗡嗡

刺刺刺

ぶん!!

刺刺刺

嗶呀！

嗚嘩！

好險！

怎麼了？

牠放棄攻擊了嗎？

嗡嗡嗡嗡嗡

嗡嗡嗡嗡

伸出

伸出

※噴射

嗚嘩！

什麼事呀！

虎頭蜂會噴毒液的嗎？

小翔！
他沒事吧？

牠們有時候也會噴毒液啊！

被射中眼睛的話有機會失明的，你要小心點！

不是吧……

吵啪

バリバリ

嗡嗡嗡嗡

怎樣啊?

這是水花飛濺的威力!

ふらふら～

站不穩

がくっ

嗄……暫時得救了……

※跪下。

鐮刀再加上毒針……

這次實在太難應付了!

がくがく

顫抖

我暫時趕走牠了!

小翔!你那邊情況如何?

是嗎?你沒事就好了!

小翔!那就太好了!

對啊,我還有隊員的!

現在不是示弱的時候啊!

噴射

唏！

可惡，又逃掉了！

接

什麼？你們還沒抓住牠嗎！

小翔！

煞停

五十步笑百步，你剛才還被嚇得臉青逃掉啊！

真煩，那是我的策略！

又吵架了……你們都冷靜一下嘛……

螳螂的視野很廣闊的。

就算怎樣緊迫牠，還是被牠避開了。

你們主動出手當然不行啊!

要反過來迫牠做主動才行⋯⋯

吓?

動手吧!誘餌突襲大作戰!

你說清楚一點啊!

ポカッ 碰

就是這樣這樣⋯⋯

私語

竊竊

大家準備黏性子彈！

好的！

然後對準我的飛板發射！

※噗噗

聚集到足夠分量後，就開始塑造模型吧！

堆砌

堆砌

堆砌

BB資料檔案 5

會不會螫人？膜翅目的蜂類有好多種！

在日本棲息的蜂類種類達4,000種以上，在香港已發現的種類約有300至400種。當中有些較危險，長有毒針還會螫人，例如虎頭蜂和馬蜂等，亦有一些蜂類是不會螫人的。牠們的口器，分為咬合型和吸蜜型兩大類。另外，螞蟻其實跟蜂類都屬於膜翅目，牠們是近親啊。

大虎頭蜂是日本最大的蜂類！

在日本所有蜂類之中，最危險的就是胡蜂科，當中體型最大的就是大虎頭蜂。大家一起看看牠的特徵，辨認清楚，如果遇到牠的同類，也不要掉以輕心！

【前翅和後翅】
虎頭蜂的後翅連接着前翅，飛行時就像同一枚翅膀。

【毒針】
大虎頭蜂的毒針長約6毫米，一般情況下會藏在腹中。

【單眼】
主要用作判斷光暗，輔助複眼的工作。

後腳

中腳

觸角

【複眼】
功用是觀察物件的外形和動作。

前腳

※ 胡蜂科在香港常見的有黑盾胡蜂、黃腰胡蜂、果馬蜂等。

虎頭蜂會把捕獲到的獵物製成丸子！

虎頭蜂會用強力的大顎把獵物咬碎，然後製成丸子。但那些丸子並不是給成蟲食用，而是運回巢穴來餵養幼蟲。而成蟲則以幼蟲口中吐出的液體為主要食糧，另外亦會吸食樹液和花蜜啊。

大顎

◀虎頭蜂的正臉，可以清楚看到其強而有力的大顎。

黃色虎頭蜂會築巢在屋簷下，大虎頭蜂則是在地底築巢！

虎頭蜂的巢比起其他蜂類要大。右圖中的是黃色虎頭蜂的巢，直徑較大的可達 80 厘米，裏面工蜂數超過 1,000 隻，而育蜂室數目更超過 1 萬！

大虎頭蜂則會利用地底的洞穴來築巢。由於牠們對振動非常敏感，因此人們在附近走動時也有可能被襲擊，大家在野外活動時要留神啊！

▶黃色虎頭蜂的巢。牠們會咬碎木中的纖維，將其弄薄後再用來築巢。

所有相片授權自：PIXTA

小心啊！虎頭蜂和馬蜂出現了！

　　虎頭蜂和馬蜂的身上擁有黃黑相間的條紋，這些條紋稱為警告色，作用是讓對手知道自己的危險性。所以當大家發現身上帶有這種條紋的蜂類時，還是避之則吉。虎頭蜂和馬蜂會築起巨大的巢，以蜂后為中心，與工蜂和雄蜂等組成羣體生活。另外，由於雄蜂沒有毒針，牠們是不會螫人的。

▼小型虎頭蜂
牠們主要在樹上築巢。
身長：雄蜂 23~26毫米
　　　 工蜂 22~27毫米
　　　 蜂后 26~29毫米
棲息地：日本本州至琉球羣

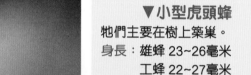

▲黃色虎頭蜂
牠們會在屋簷下築起球形的巨巢。
身長：雄蜂 25毫米左右
　　　 工蜂 17~25毫米
　　　 蜂后 25~28毫米
棲息地：日本本州、四國、九州

◀黃邊虎頭蜂
牠們會在樹洞中或天花的暗處築巢。亦喜歡到樹液的位置聚集。
身長：雄蜂 27毫米左右
　　　 工蜂 21~28毫米
　　　 蜂后 29毫米左右
棲息地：日本北海道至九州

◀陸馬蜂
牠們會築起又闊又大的巢。
身長：20~26毫米
棲息地：日本本州至琉球羣島

◀約馬蜂
牠們也會築起又闊又大的巢。
身長：20~25毫米
棲息地：日本本州、四國、九州

◀斯馬蜂
牠們築的巢一般都是彎曲而翹起的。
身長：11~17毫米
棲息地：日本北海道至九州

所有相片授權自：PIXTA

第4章
虎頭蜂的反擊！

※搖搖擺擺

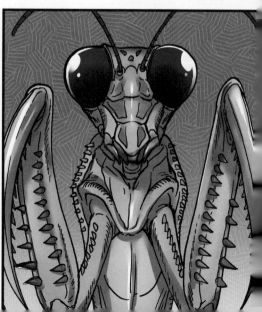

抓緊！
がしっ!!

好啊！一如所料牠中計了！

※黏黏的
ねばねばり

牠難以走動了！

只要封住牠的雙鐮，我們就贏定了！

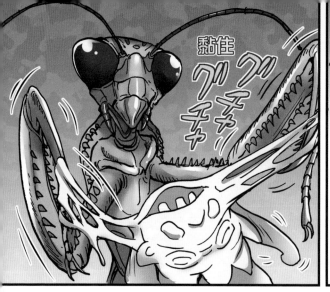

黏住 グチャ グチャ

看上去就像自己被吃掉，這感覺好不安……

幸好被吃的不是你啦。

牠的戰意等級下降了！

等級降至 0 時就可抓住牠！

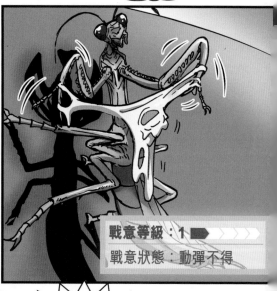

戰意等級：1

戰意狀態：動彈不得

啊！

等等！戰意等級有古怪！1、2、3……正急速上升！

什麼？

難道這是因為……

※嗡嗡嗡嗡

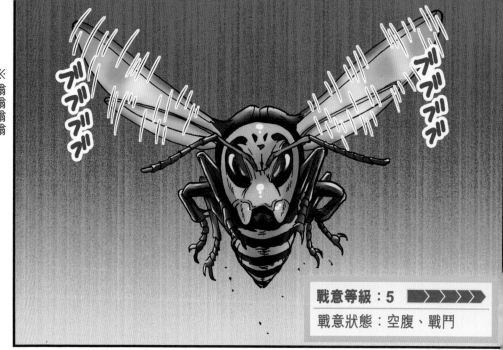

戰意等級：5
戰意狀態：空腹、戰鬥

牠回來了呀！

加速

嗚嘩！
快逃命——

……

……咦?

呀!

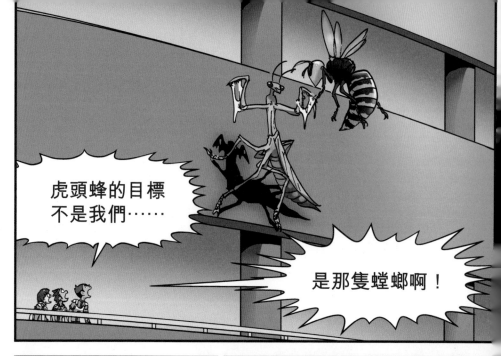

虎頭蜂的目標
不是我們……

是那隻螳螂啊！

或許牠知道螳螂正
受困於黏性子彈而
戰力減弱了。

因為牠們之前
在自然界也戰
鬥過吧！

※ 嗡嗡嗡嗡

突襲

避開

伸出

牠避開了螳螂
的攻擊⋯⋯

然後伸出毒針了！

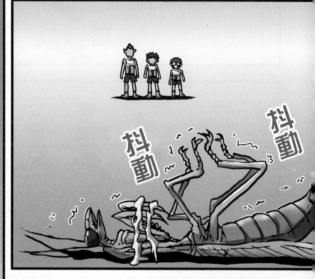

牠被擊倒了⋯⋯

因為我們用黏性子彈封住了牠的鐮刀⋯⋯

⋯⋯

※嗡嗡嗡嗡

我明白你們的心情，想站在螳螂一方……

但捕獵者之間，是沒有好人壞人之分的……

螳螂……
戰意等級是0。

……對呢。

趁牠還未被吃掉，捕獲牠吧。

戰意等級：0
戰意狀態：沒有反應

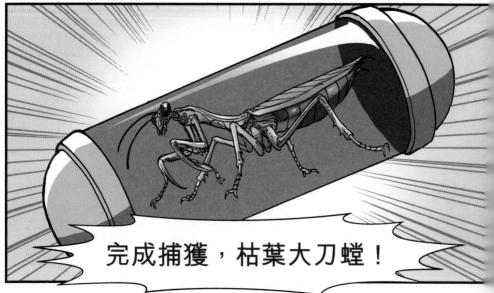

完成捕獲，枯葉大刀螳！

接下來要對付的是那個傢伙啊！

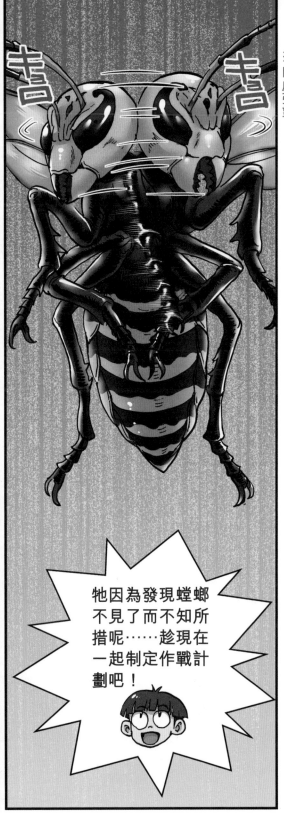

※四處張望

牠因為發現螳螂不見了而不知所措呢……趁現在一起制定作戰計劃吧！

83

請各位讀者靜心期待「黑蛇小隊」的出場任務！

你是認真的嗎？

你只是開玩笑吧？

虎頭蜂和蜜蜂都是羣居生活的！

　　螳螂和蜻蜓基本上都是單獨生活，而蜂類中以獨立個體生活的品種亦很多。不過，虎頭蜂、馬蜂和蜜蜂等都是羣居生活的，而且在蜂羣中各成員會分擔不同工作，每一個蜂巢都是一個小社會。而蜂類的近親——螞蟻，亦同樣是過着羣體生活的社會性昆蟲。

▲ 在蜜蜂巢裏忙碌中的工蜂　　相片授權自：iStoc

蜂巢中多達1萬隻的蜜蜂，全都是由1隻蜂后誕下的！

　　蜜蜂巢以1隻蜂后為中心，再加上數千至1萬隻以上的工蜂，和數百隻雄蜂組成。蜂后的使命是產卵，而在巢中所有蜜蜂全都是由蜂后誕下的。

　　工蜂全部都是雌性，負責收集花蜜和花粉運送回蜂巢、照顧蜂后和幼蟲還有打掃蜂巢等工作。雄蜂雖然不會工作，但牠肩負起與雌蜂交配的使命而這些雌蜂將來有可能成為其他新巢的蜂后啊！

工蜂的第一份工作是打掃！

　　蜜蜂族群的工蜂，其工作內容會隨着羽化後的日數（日齡）而改變。牠們最先要負責打掃蜂巢，接着會開始照顧幼蟲、建造育嬰室等。到了日齡20日左右，牠們要到外面採集花蜜和花粉。由於蜂巢外的世界比較危險，所以牠們必須待身體成長到一定階段後，才能出外工作。

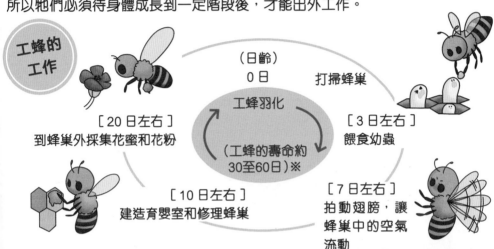

工蜂的工作

（日齡）
0 日　　打掃蜂巢

工蜂羽化

（工蜂的壽命約
30至60日）※

[20 日左右]
到蜂巢外採集花蜜和花粉

[3 日左右]
餵食幼蟲

[10 日左右]
建造育嬰室和修理蜂巢

[7 日左右]
拍動翅膀，讓蜂巢中的空氣流動

※例子為春天至夏天的工蜂

蜜蜂會用舞蹈傳達蜂蜜的位置！

　　工蜂找到新的覓食地點後，回到蜂巢就會跳起舞來，這是把位置告訴同伴的行為。地點的位置較近時，牠們會像畫圓形般飛舞；而地點位置較遠時，牠們則會像 8 字形般飛舞。

　　牠們飛舞時的面向，代表地點的方向，而跳舞的速度就代表與地點的距離。跳舞的速度越快，就代表位置越近。蜜蜂雖然沒有言語，但卻能用飛舞這行為向同伴傳達信息。

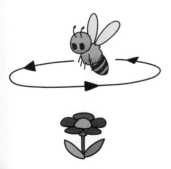

覓食地點較近時會畫圓跳舞

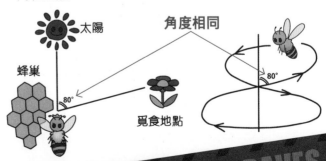

覓食地點較遠時會畫 8 字跳舞，用以傳達位置的方向和距離

太陽

角度相同

蜂巢

80°

80°

覓食地點

BB資料檔案 8

蜂的螫針是由產卵管進化而成的！

虎頭蜂和蜜蜂的毒針本來是用來產卵的管，所以只有雌蜂有毒針，而雄蜂則沒有。其實會螫人的蜂類並不多，例如樹蜂和葉蜂等幼蟲都以植物為糧食，牠們並沒有捕食獵物的必要，所以其毒針亦不發達。

牠們也是蜂？各種蜂類大集合！

蜂的種類繁多。以下會介紹擁有超長產卵管，以及沒有黃黑相間警告色的各種蜂類。有些品種在香港也能發現！

◀馬尾蜂
牠會把長長的產卵管伸進樹木中，並在白條天牛等幼蟲身上產卵。
身長：20毫米左右
棲息地：日本本州、四國、九州

牠的產卵管很長很長啊！

▶斑翅馬尾姬蜂
牠會在樹蜂等幼蟲身上產卵。
身長：30~40毫米
棲息地：日本北海道至九州

▲泥蜂
把蛾類的幼蟲帶回泥土的洞穴中，然後
身上產卵。
：雄性19毫米左右，雌性23毫米左右
地：日本北海道至九州、琉球羣島

▲黑蛛蜂
牠會捕獵蜘蛛並在其身上產卵，讓
蜘蛛成為其幼蟲的糧食。
身長：12~25毫米
棲息地：日本北海道至九州

◀黑扁股泥蜂
牠會捕獵螽斯等昆
蟲，然後搬運到巢中
並在其身上產卵。
身長：18~23毫米
棲息地：日本本州至
　　　琉球羣島

第5章
捕獲虎頭蜂大作戰！

※吵鬧 吵鬧

※嚇倒

原來全沒計劃啊……

！

美味拉麵

那個！我們用
那東西吧！

拉麵？

雖然全都很好吃，但是猜錯了！

鐵鍋餃子

牛腸鍋

好好吃呢！

九州的風味菜式真多。

博多明太子

是煙才對！

我們要用煙霧啊！

原來如此！
捕捉虎頭蜂的滅蟲人員，經常也用煙霧來令牠們暈倒呢！

沒錯！

雖然我們需要接近虎頭蜂，但千萬別給牠螫傷啊！

牠變得那麼巨大，毒量肯定會致死啊！

大家準備一些防護工具吧！

首先，用白色東西蓋住頭。

虎頭蜂是用顏色的對比來辨別東西的。在日間，黑色較顯眼，會較容易受到攻擊。

正男，你知道得真清楚呢。

小意思啦。

虎頭蜂經常在我家別墅築巢，這些都是滅蟲專員告訴我的。

別墅？你家原來有別墅嗎？

有是有……但這話題容後再說，現在立刻去準備吧！

準備什麼？

防護工具啊！

為防被螫傷，盡量別露出皮膚！

大家各自準備然後再集合！

好——

小翔……

你那身裝扮是什麼……

嘎嘎嘎!

我來了!

唔?

BB 棍棒，
啟動！

上啊！

發射煙霧彈！

碰碰碰

※咔嚓

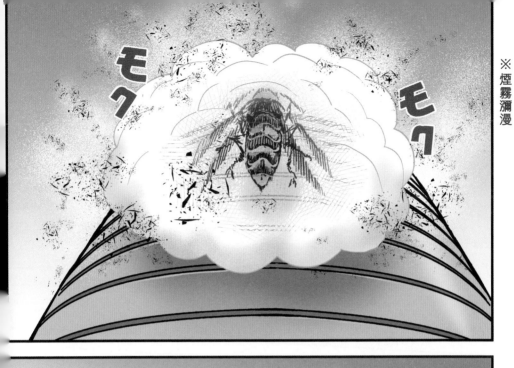

※煙霧瀰漫

怎樣？

戰意等級是2！雖然戰意減弱了，但還未能捕獲啊！

嗚……

※舉起

※噴出

103

唔?

好臭……

那些木醋液是什麼來的……

這些是用來做驅蟲劑的。

這是來自人們製炭時排出的蒸氣被液化。

很多昆蟲都討厭那種獨特的焦臭味。

討厭的氣味令牠變弱了!戰意等級是1!

※嗡嗡嗡嗡

戰意等級:1

戰意狀態:虛弱

※抛

※抓住

小翔！把BB收容器拿來！

好！

太好了！成功捕獲虎頭蜂！

虎頭蜂是很危險的，所以讀者千萬別學我們！

要驅除虎頭蜂的話，緊記找專業的滅蟲人員呢。

BB資料檔案 9

螫針毒液的秘密！

蜂類的毒液中並非只有單一成分，而是混合了數種毒液而成的。蜂毒的可怕之處，是它會令人類引發過敏反應。如有人被毒蜂螫過一次而變成對蜂毒過敏的話，當他下一次再被螫時，就有可能引發「過敏性休克」。嚴重時患者會失去意識和血壓過低，更有可能因而致命！

> 在日本，每年因蜂毒過敏而身亡的多達20人！

蜂類 危險度 排名

等級 5	牠們為了保護蜂巢和覓食的地方，會對入侵者發動猛烈攻擊。 毒性很強，被螫中的話傷口會劇痛。	大虎頭蜂、黃色虎頭蜂、黃邊虎頭蜂
等級 4	牠們為了保護蜂巢會對入侵者發動攻擊。 毒性很強，被螫中的話傷口會很痛。	以上 3 類以外的胡蜂、馬蜂、西方蜜蜂
等級 3	牠們為了保護蜂巢，有機會對入侵者發動攻擊。 被螫中的話傷口會很痛。	東方蜜蜂、熊蜂
等級 2	這些蜂不會主動攻擊，但如人用手捕捉牠們的話，有機會被螫。 被螫中的話傷口會很痛。	蜾蠃（粵音果裸）、泥蜂、蛛蜂等
等級 1	這些蜂不會主動攻擊，但如人用手捕捉的話，有機會被螫。 被螫中的話傷口也不會太痛。	花蜂和一部分姬蜂、繭蜂等

※ 參考《蜂類的生態大研究》（PHP 研究所）而編成

遇到虎頭蜂如何自保？

大家到郊外時要特別注意，假如遇見虎頭蜂或牠的同類，千萬別用手驅趕，也不要拔腿逃跑。因為虎頭蜂會追趕快速移動的東西，所以大家要保持鎮定和低調，靜靜地離開現場。

以防被螫的對策

- 由於在午間牠們對黑色有較大反應，所以別穿深色衣服，另外建議戴上帽子。
- 濃烈氣味也有可能吸引虎頭蜂，所以在郊外別塗香水或香氣太濃的蚊怕水。

被螫中後的緊急處理

- 用水清洗傷口，然後用鉗子把螫針拔走，或用硬卡刮走，切勿用手指捏，以免更多毒液擠入皮膚。
- 冷敷傷處，若出現嚴重徵狀和過敏反應，應立即求診。

日本蜜蜂會羣起把虎頭蜂圍住，來收拾牠啊！

虎頭蜂是蜜蜂的天敵，單單 1 隻虎頭蜂，就有能力去襲襲蜜蜂的蜂巢，把 2,000 隻蜜蜂完全殲滅。不過唯獨日本蜜蜂（東方蜜蜂的一種）卻有對抗虎頭蜂的策略。

這個策略就是蜂擁而上，團團包住那隻虎頭蜂，這情況我們可稱之為「蜂球」。在蜂球中心的熱力高達攝氏 46 度，藉着提升熱力和二氧化碳的濃度，虎頭蜂就會在蜂球中被悶死。

只有我們懂得堆成蜂球啊。

▶ 堆成蜂球的蜜蜂有很多都會犧牲喪命。不過，蜂巢裏面的同伴就可以得救。

其他品種的蜜蜂不懂這個策略啊！

相片授權自：PIXTA

昆蟲眼睛的秘密！

　　人類眼睛的構造，是每隻眼睛各有一個晶狀體。然而，昆蟲的眼睛卻是「複眼」，由很多小眼睛所組成，而每個小眼睛分別擁有一個晶狀體。這些一個個的小眼睛能感受光和顏色，但卻看不見形狀。昆蟲要以複眼整體地運用，才能看到物體的形狀。

　　複眼之中有多少個小眼睛，每種昆蟲都各有分別。有些昆蟲的小眼睛數目較少，約有數百個；而有些昆蟲的小眼睛較多，可多達1萬至3萬個，其中的代表正是蜻蜓。

我們的複眼由1萬至3萬個小眼睛集合而成！

▲混合蜓的正面

相片授權自：iSto

蜻蜓眼睛上半用作看遠景，下半用作看近物！

　　研究指出蜻蜓複眼的上半部分用作看遠景，下半部分用作看近物。由於牠的視界達 270 度，所以就算不轉動頭部也能看清前方及上下左右，只是⋯為看不見後方而已（但轉頭的話，就能看到後方）。

　　另外，牠長有 3 隻單眼，能辨別光暗，並快速地把資訊傳送到腦部。蜻蜓能自由自在地在空中飛舞，正是透過單眼接收光源資訊，然後即時分析⋯判斷出自己的身體向着哪個方向。

眼中的黑點並不是眼珠啊！

　　螳螂複眼中的那個黑點，看起來像是盯着你一樣，但其實這一點並不是眼珠啊。這是被稱為「偽瞳孔」的假眼珠，螳螂的小眼睛形狀有如望遠鏡筒，當那些筒剛好看着正上方時，偽瞳孔就會出現，這是因為筒底（眼的深處）看起來是暗暗的。

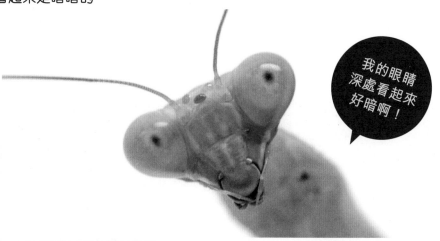

我的眼睛深處看起來好暗啊！

▲螳螂的偽瞳孔　　相片提供：iStock

昆蟲耳朵的秘密！

　　在昆蟲的臉上是找不到像人類耳朵的器官的。各種昆蟲用作感應聲音的部分會長在不同的位置，有些長在腳的脛節，有些則長在身體的連接處上，但牠們的共通點是都能清晰地辨別聲音。而對聲音特別敏感的是蟋蟀和草蜢等「會鳴叫的昆蟲」，雌性蟋蟀能辨認出雄性蟋蟀摩擦翅膀的聲音，進而進行交配和產卵，所以為了留下後代，辨認聲音的能力對這些昆蟲而言非常重要。螳螂辨別聲音的能力也很高，這是為了辨認出天敵蝙蝠發出的聲音（人類耳朵聽不到的超音波）。

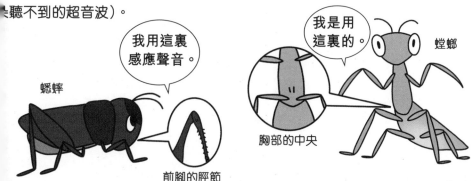

我用這裏感應聲音。

蟋蟀

前腳的脛節

我是用這裏的。

螳螂

胸部的中央

第6章
巨大無霸勾蜓
出現了！

唔……

バン!!

勇獸戰隊的小鬼
真討厭啊……

出來吧！被譽為昆蟲界最強的獵人！

啪滋啪滋

替我把勇獸戰隊的小鬼通通吃掉啊！

※轟隆隆隆

113

※掠過

※咀嚼

【無霸勾蜓】
棲息地：日本北海道至九州、琉球
　　　　羣島
身長：95~100毫米
日本中體型最大的蜻蜓。牠擁有昆
蟲界中頂級的飛行和狩獵能力。

※咚咚咚咚……

哎呀～剛才真的好臭呢！

還不是因為正男你在亂射嗎？

洗掉就沒問題啦。

喂！小朋友們！

這裏不是浴室啊！

呀，對不起——

我們馬上離開！

※嗶嗶

啊！是無霸勾蜓！厲害呀！

牠的狩獵能力是昆蟲界中的最高級別啊！

咦？難道你們就是……

勇獸戰隊？

我兒子是你們的擁躉啊！

可以幫我簽名嗎？還有握握手！

快點出發啊，紫蟲小隊！

目擊情報是在這附近吧？

在哪裏呢？

閃亮

119

能力分析表

攻擊力

稀有度 5 防禦力

4 3

凶猛性 4 5 速度

戰意等級：5 ▶▶▶▶▶
戰意狀態：空腹、戰鬥

出現了！是無霸勾蜓啊！

戰意等級是
最高啊！

牠要再來了！
大家散開！

嘶

※呼 ※嘿

嘩！

※飄下

※碎裂　※啪咧

是小翔的短褲……

呀呀……小翔被吃掉了……

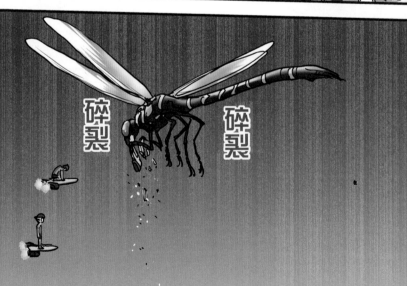

碎裂　碎裂

啼……

咔唰

好險呢～

嘎

嘎

簡直是千鈞一髮啊！

呀！小翔！

安靜～～！……！

※拿出

125

自古就生存在地球上——蜻蛉目！

　　蜻蜓的同類在全世界約有6,000種，香港也有過百種。蜻蜓的飛行能力在昆蟲界中數一數二，並擅長在空中生活。另外，牠們也是自遠古已存在的物種，至少在距今3億年前已經出現在地球上，而且模樣和飛行模式跟現在相差不遠。

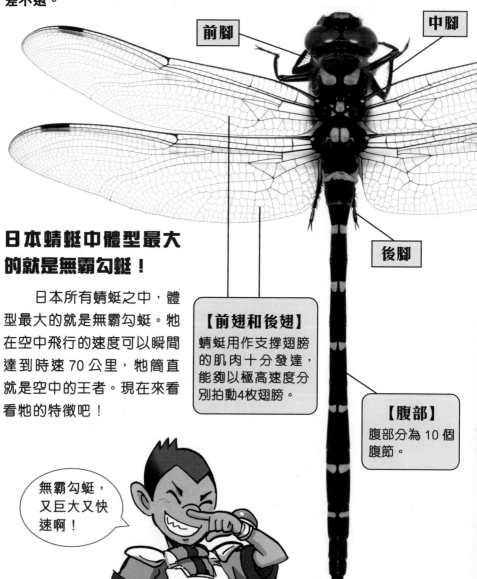

前腳

中腳

後腳

日本蜻蜓中體型最大的就是無霸勾蜓！

　　日本所有蜻蜓之中，體型最大的就是無霸勾蜓。牠在空中飛行的速度可以瞬間達到時速 70 公里，牠簡直就是空中的王者。現在來看看牠的特徵吧！

【前翅和後翅】
蜻蜓用作支撐翅膀的肌肉十分發達，能夠以極高速度分別拍動4枚翅膀。

【腹部】
腹部分為 10 個腹節。

無霸勾蜓，又巨大又快速啊！

【複眼】
大約由1萬至3萬
個小眼睛組成，面
積非常大。專家指
出牠擁有約270度
的視野。

【單眼】
用作辨別光暗，
輔助複眼視物。

【觸角】
因退化變得
很短。

【口】
擁有強力的
下顎。

▲ 無霸勾蜓的正臉

擁有昆蟲中最高的飛行能力！

　　蜻蜓飛行速度極快，而且懂得急促煞停和轉彎，牠們還能在空中靜止
地盤旋，亦能夠緩慢地往後飛。蜻蜓基本上不會用腳走路，牠們靜止時會
抓着物件，然後一把腳放開就會自然地起飛。牠們也會在空中交配和產卵，
所以大部分時間都在空中生活。論飛行能力和時間，沒有其他昆蟲可以和
蜻蜓相比啊。

幼蟲和成蟲都是肉食性的獵人！

　　蜻蜓的幼蟲會在水中捕食其他昆蟲或魚類，當羽化為成蟲後也是肉
食性，喜歡捕食在空中飛的昆蟲，牠們會用6隻腳緊緊包住獵物後進食。
另外，蜻蜓和螳螂一樣是獨自生活的啊。

蜻蜓也是「不完全變
態」的昆蟲。牠們不
會結蛹，而是會重複
蛻皮，直到變為成蟲。

▶圖為無霸勾蜓的幼
蟲。牠們羽化前的大小
約為50毫米左右。

各類蜻蜓大集合！

以下會介紹一些能在日本找到的蜻蜓品種。蜻蜓靜止不動時，有些會張開翅膀，有些則會收起翅膀。成熟的雄性蜻蜓會劃分地盤，等待雌性到來交配；當其他雄性靠近時，牠們就會將對手趕走。

※ 部分品種在香港也可發現。

▲碧偉蜓
在平地開揚的水面，例如池塘和沼澤都可以找到牠。
身長：70毫米左右
棲息地：北海道至九州、琉羣島

▲大團扇春蜓
腰部有像扇葉狀的突起物。
身長：70毫米左右
棲息地：本州、四國、九州

▲八丁蜻蜓
日本蜻蜓中體型最小的物種。
身長：18毫米左右
棲息地：本州、四國、九州

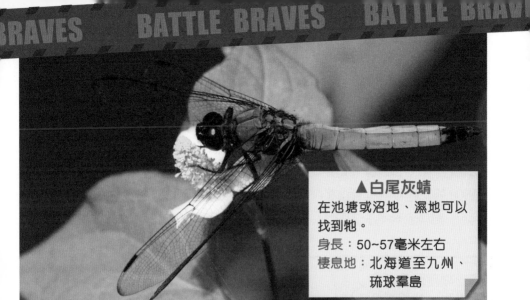

▲白尾灰蜻
在池塘或沼地、濕地可以
找到牠。
身長：50~57毫米左右
棲息地：北海道至九州、
　　　　琉球羣島

▼赤蜻（深山茜）
在濕原和水田能夠找到
牠。
身長：34毫米左右
棲息地：北海道至九州

▲黑暗色蟌
在水流較慢的河川能夠找到牠。
身長：60毫米左右
棲息地：本州、四國、九州

▲色蟌
從山地流向平地的溪流
能夠找到牠。
身長：55~60毫米
棲息地：北海道至九州

第7章
空中王者
無霸勾蜓！

正男你剛剛是什麼意思啊，找爸爸？

剛才的電話是說什麼的？

唔？

哦……

這個巨蛋球場是我爸爸的東西啊。

フクオカ！ドーム
福岡巨蛋球場

吓呀？

我打算這次借來用一下。

爸爸的東西……

……你的意思是擁有人？

那位超大企業的老闆，就是正男的父親!?

說得對啊。

正男原來你超級有錢嘛。

太厲害了。

呀!

難道那張「獨角仙大王」卡，也是用錢收購的嗎？

這是我生日時爸爸送給我的。

老實說我也不知道他怎麼弄到手。

不過……

135

與其送這些遊戲卡給我，

正男……

你也有自己的難言之隱呢……

這麼說你不需要這張卡吧！

我更希望他可以跟我慶祝生日啦。

我沒有這樣說過啊！

總之大家先進去啊！快點！

我是第一次進來巨蛋球場啊！

這個天幕是開合式的。

嘩，好厲害啊！

無霸勾蜓有巡視自己地盤的習性。

所以牠肯定會再次回到這上空來。

！

難道正男你……

對啊！

就如你所想的！

把無霸勾蜓關在這個巨蛋球場裏！

啊！

137

……但要怎樣做才好？

假如平時你要抓蜻蜓，你會怎樣做？

用手指打圈圈……

或者從後面慢慢靠近……

你們有沒有試過運用道具呢？

！

是釣蜻蜓吧！

釣魚？

怎樣釣啊？

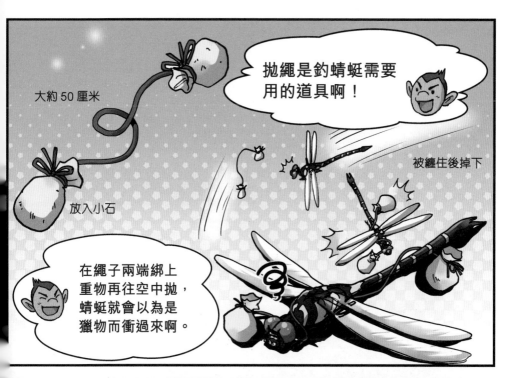

大約 50 厘米

放入小石

拋繩是釣蜻蜓需要用的道具啊！

被纏住後掉下

在繩子兩端綁上重物再往空中拋，蜻蜓就會以為是獵物而衝過來啊。

我要叫製作團隊來了！

※隆隆

焊接隊伍，拜託你們製作釣蜻蜓的拋繩了！

知道！

準備炮筒的煙花師傅請來這邊！

好！

消防員隊伍請在那邊候命！

明白！

非常感謝各位幫忙！

那麼，現在開始捕捉任務！

加油啊！勇獸戰隊！

請各位到指定的位置去！

無霸勾蜓來到後我會發信號！

好

好

※轉動

ヒュン
ヒュン
ヒュン

ヒ〜ン…
掉落

※加速！

※纏住

成功了！
纏住牠了！

牠正掉進巨蛋
球場裏去！

呼～～

145

※碰！

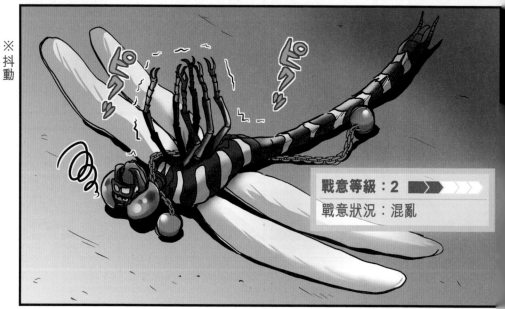

※抖動

戰意等級：2

戰意狀況：混亂

好啊！成功了——

大家不要掉以輕心啊！

無霸勾蜓還未完全失去戰意的！

146

※凝視

站起

嗚嘩！牠想就這樣飛走嗎？

戰意等級：3

戰意狀況：復活

※隆隆隆隆

拋繩快要被甩開了！

進行下一個計劃吧！

完全關上天幕還需要一點時間！

鼓風車！請用慢速回轉！

明白！

※隆隆

147

※轉動

※轉動

安靜 ～～～…‥

安靜 ～～～…‥

※隆隆隆隆……

蜻蜓會注視旋轉中的物體，趁現在固定那拋繩！

好的！蛇型鎖環！

嘿嘰

※圈住

※升起

※隆隆

※拍翼

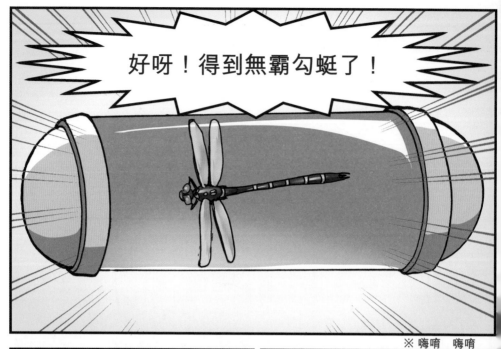

好呀！得到無霸勾蜓了！

※ 嗨唷 嗨唷

紫蟲小隊！
輕鬆取勝！

※啪啪啪

咚

咚

嗚唔！

※啪！

可惡！

バン!!

碎裂

ボキッ

嗚嘩呀呀呀！

勇獸戰隊，我絕不會饒恕你們！

我這隻手能修好嗎……

大家敬請期待勇獸戰隊的下一個任務吧！

我是勇獸戰隊的總司令，墨田川教授，YO！

你們想知道自己能否加入勇獸戰隊？來挑戰以下題目吧，YO！

第1題

地球上物種數量最多的生物是哪一類？

A 魚類　　B 哺乳類　　C 昆蟲類

第2題

螳螂用身體哪一個部分來感應聲音？

A 前腳（鐮刀）　　B 胸部中央　　C 後腳

第3題

虎頭蜂的毒針是由什麼部分進化而成的？

A 產卵管　　　B 尾巴　　　C 翅膀

第4題

昆蟲的單眼有什麼用途？

A 辨認物體的形狀

B 辨別光暗

C 感覺氣味

第5題

無霸勾蜓停留在一些東西上面時，牠的翅膀會怎樣？

A 靠在一起　　　B 張開　　　C 前翅靠在一起

怎麼樣？
你們能答對嗎？

（答案在後頁）

第1題　C　昆蟲類

在地球上物種數量最多的是昆蟲類。現在已確認的昆蟲種類多達 100 萬種以上。另外魚類約有 31,000 種、哺乳類則有約 5,500 種。

第2題　B　胸部中央

螳螂用來感應聲音的部分位於胸部中央。不同的昆蟲用作感應聲音的部分各有不同，例如蟋蟀會用前腳的脛節去感應聲音。

第3題　A　產卵管

虎頭蜂等蜂類的毒針，是由產卵管進化而成的，所以只有雌性才擁有毒針呢。

第4題　B　辨別光暗

昆蟲的單眼是用作辨別光暗的，它並不能辨認物體形狀或觀察動作。

第5題　B　張開

無霸勾蜓停留在一些東西上面時，翅膀是會張開的。大部分蜻蜓的同類在停飛時，都是張開翅膀的。會把翅膀靠在一起的，通常是豆娘。

BB 資格考試評分

5 題全對	你擁有成為勇獸戰隊隊員的資格了！
答對 3 至 4 題	你離當上勇獸戰隊隊員還差一步！
答對 0 至 2 題	你再讀一次本書之後再嘗試吧。 永不放棄的精神，正是勇獸戰隊最重要的素質啊。

大家如想加入獸戰隊，要細閱讀內容啊！

■監督者　小野展嗣

日本國立科學博物館名譽研究員

京都大學自然科學系博士，主修動物學和進化學，自小就非常喜歡昆蟲，在德國留學時曾對蜘蛛進行正式的研究工作。著作和監督的作品眾多，包括《小學館圖鑑 NEO「昆蟲」、「危險生物」》（合著）等。

■漫畫　篠崎和宏

他相信漫畫的可能性，不論日本國內或海外，不問任何類型的漫畫創作都願意參與。代表作有《學校不可思議學會與語言王國》、《勇獸戰隊》等。

■故事　伽利略組

兒童漫畫劇本和教材的製作團體，擅長的主題廣泛，包括歷史和科學等。主要作品有《勇獸戰隊》系列、《歷史漫畫時光倒流》系列、《5 分鐘的時光倒流》、《5 分鐘的求生記》等。

- 《小學館圖鑑 NEO 3 昆蟲》（小學館）
- 《新領域學研圖鑑 昆蟲》（學研）
- 《Big Corotan 多啦 A 夢科學世界 不可思議的昆蟲》繪：Fujiko Pro. ╱ 監督者：岡島秀治 ╱ 編：小學館多啦 A 夢工作室　（小學館）
- 《多啦 A 夢不可思議探險系列 4 昆蟲大探險》監督者、攝影：海野和男　（小學館）
- 《飼養觀察 日本生物圖鑑 13 螳螂》監督者：山脇兆史 ╱ 攝影：若田部美行、安東浩 ╱ 繪：Cheung *ME　（集英社）
- 《昆蟲研究館 昆蟲的尋找方法和飼養方法：蟬、蜻蜓》著：奧本大三郎 ╱ 繪：見山博（集英社）
- 《蜂類生態大研究 充滿智慧的育兒術》著：松田喬　（PHP 研究所）
- 《這些知識你要知 9 昆蟲大常識》監督者：海野和男 ╱ 文：山內進（POPLAR 社）
- 《超圖解 沼笠航的不可思議昆蟲大研究》監督者：丸山宗利 ╱ 著：沼笠航（KADOKAWA）
- 《昆蟲最強王圖鑑》監督者：小野展嗣　（寶島社）

① 兇猛暴龍大鬧都市

在東京這個人煙稠密的大城市中，竟然出現了恐龍？這一定是神秘敵人Z派出各種恐龍前來現代世界，企圖擾亂生態，毀滅地球！為了保衛地球，勇獸戰隊的紅龍小隊出動了！運動能力超乎常人的佳仁、對恐龍生態瞭如指掌的良太，以及對植物有豐富知識的詩音，齊來展開捕獲作戰。

② 激戰萬獸之王獅子

富士山上竟然有野生老虎和豹出沒？連草原的王者獅子都出場？為了保衛地球，勇獸戰隊的藍獅小隊出動了！天生運動神經猶如動物般發達的泰賀，以及對動物無比熟悉的艾莎，齊來展開捕獲作戰。被泰賀激怒的美洲獅媽媽，是否願意放過他們？

③ 巨型螳螂大侵襲

和平的福岡市上空，突然從天而降一隻巨大螳螂！原來是神秘敵人Z為了毀滅地球，把極具侵略性的昆蟲變大，並逐一送到市鎮上！今次受命出動的正是勇獸戰隊中的「紫蟲小隊」，包括精力旺盛的小翔、有勇有謀的正男，以及精通昆蟲知識的剛司！這場人蟲大戰，最後誰是勝利者呢？

④ 惡鬥盛怒非洲象

大事不妙了！這次神秘敵人Z派出長頸鹿、河馬、犀牛、非洲象等大型草食性動物來到名古屋，不僅植物要被牠們吃光，連市面都被牠們大肆破壞！為了保衛地球，勇獸戰隊的藍獅小隊出動了！面對異常兇猛的長頸鹿的以頸相搏、河馬的糞便攻擊、非洲象的恐怖衝擊力，他們能化險為夷嗎？

勇獸戰隊知識漫畫系列

巨型螳螂大侵襲

監 督 者：小野展嗣
漫畫繪圖：篠崎和宏
故事編劇：伽利略組
翻　　譯：黃耴
責任編輯：黃楚雨
美術設計：許鍩琳

出　　版：新雅文化事業有限公司
　　　　　香港英皇道 499 號北角工業大廈 18 樓
　　　　　電話：(852) 2138 7998
　　　　　傳真：(852) 2597 4003
　　　　　網址：http://www.sunya.com.hk
　　　　　電郵：marketing@sunya.com.hk
發　　行：香港聯合書刊物流有限公司
　　　　　香港荃灣德士古道 220-248 號荃灣工業中心 16 樓
　　　　　電話：(852) 2150 2100
　　　　　傳真：(852) 2407 3062
　　　　　電郵：info@suplogistics.com.hk
印　　刷：中華商務彩色印刷有限公司
　　　　　香港新界大埔汀麗路 36 號
版　　次：二〇二二年十一月初版
版權所有・不准翻印

ISBN: 978-962-08-8117-6
ORIGINAL ENGLISH TITLE: KAGAKU MANGA SERIES (7) BATORU BUREIBUSU VS. KYŌBŌ ŌKAMAKIRI KONCHŪ-HEN (2)
BY Webisuya Bonko and Asahi Shimbun Publishings Inc.